Sitzungsberichte
der Heidelberger Akademie der Wissenschaften
Stiftung Heinrich Lanz

Mathematisch-naturwissenschaftliche Klasse
Abteilung A.

Jahrgang 1925. 2. Abhandlung.

Die komplementären Figuren der nichteuklidischen Ebene.

Von

Ernst Roeser
in Bottrop.

(Mit 7 Figuren.)

Vorgelegt von Herrn Heinrich Liebmann
in der Sitzung vom 24. Januar 1925.

Berlin und Leipzig 1925

Walter de Gruyter & Co.

vormals G. J. Göschen'sche Verlagshandlung / J. Guttentag, Verlagsbuchhandlung / Georg Reimer / Karl J. Trübner / Veit & Comp.

Die komplementären Figuren der nichteuklidischen Ebene.

§ 1. Die Gleichungen des Fünfecks mit vier rechten Winkeln.

Lobatschefskij benutzt zur Herleitung seiner Formeln die Zuordnung zwischen rechtwinkligem Dreieck und Spitzeck. Es soll gezeigt werden, daß man dem rechtwinkligen Dreieck ein Fünfeck mit fünf rechten Winkeln zuordnen kann, an denen sich die Kette der fünf zugeordneten Dreiecke ablesen läßt. Betrachten wir zunächst ein Fünfeck mit vier rechten Winkeln, es steht in einfacher Beziehung zum allgemeinen Dreieck.

Wir denken uns von der spitzen Ecke aus (der Winkel kann auch stumpf sein) das Lot auf die Gegenseite gefällt, so entstehen zwei Spitzecke. In diesen ist:

$$\cos \nu_1 = th\, m\, th\, h; \quad \sin \nu_1 = \frac{ch\, c_1}{ch\, m}$$

$$\cos \nu_2 = th\, l\, th\, h; \quad \sin \nu_2 = \frac{ch\, c_2}{ch\, e}$$

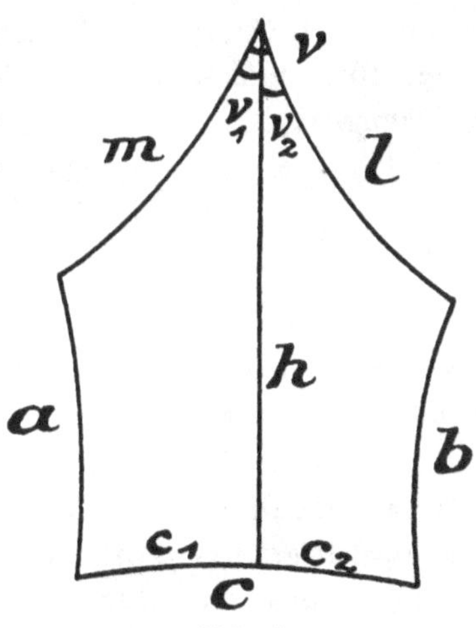

Abb. 1.

Also:

$$\cos \nu = th\, m\, th\, l \cdot th^2 h - \frac{ch\, c_1\, ch\, c_2}{ch\, m\, ch\, l}$$

$$\begin{aligned} \cos \nu \cdot ch\, m \cdot ch\, l &= sh\, m\, sh\, l \cdot th^2 h - ch\, c_1 \cdot ch\, c_2 \\ &= sh\, m\, sh\, l \cdot th^2 h + sh\, c_1\, sh\, c_2 - ch\, c \end{aligned}$$

Da $sh\, c_1 = \frac{sh\, m}{ch\, h}$ und: $sh\, c_2 = \frac{sh\, l}{ch\, h}$ so kommt:

$$\begin{aligned} \cos \nu \cdot ch\, m \cdot ch\, l &= sh\, m\, sh\, l\, th^2 h + \frac{sh\, m \cdot sh\, l}{ch^2 h} - ch^2 c \\ &= sh\, m\, sh\, l - ch^2 c \end{aligned}$$

$$(1) \qquad ch\, c = sh\, m\, sh\, l - ch\, m\, ch\, l \cos \nu.$$

Auf ganz ähnliche Weise wird noch eine andere Gleichung abgeleitet. Es ist in den Spitzecken:

$$\cos \nu_1 = sh\,a\; sh\,c_1;\; \sin \nu_1 = \frac{ch\,a}{ch\,h}$$

$$\cos \nu_2 = sh\,b\; sh\,c_2;\; \sin \nu_2 = \frac{ch\,b}{ch\,h} \quad \text{also:}$$

$$\cos \nu = sh\,a\; sh\,b\; sh\,c_1\; sh\,c_2 - \frac{ch\,a\; ch\,b}{ch^2 h}$$

$$= sh\,a\; sh\,b\; ch\,c - sh\,a\; sh\,b \cdot ch\,c_1\; ch\,c_2 - \frac{ch\,a \cdot ch\,b}{ch^2 h}$$

Im Spitzeck ist:

$$ch\,c_1 = \frac{th\,h}{th\,a}\;;\; ch_2 = \frac{th\,h}{th\,b}$$

$$\cos \nu = sh\,a\; sh\,b\; ch\,c - ch\,a\; ch\,b\; th^2 h - \frac{ch\,a\; ch\,b}{ch^2 h}$$

(2) $$\cos \nu = sh\,a\; sh\,b\; ch\,c - ch\,a\; ch\,b$$

Und endlich die dritte Gleichung, indem h zweimal ausgedrückt wird:

$$sh\,h = sh\,a\; ch\,m = sh\,b \cdot ch\,l$$

(3) $$sh\,a : sh\,b = ch\,l : ch\,m$$

Wendet man diese drei Gleichungen auf ein Fünfeck an, bei dem die Seiten a und b durch a' und b', der Winkel ν durch $\pi - \nu$ ersetzt ist, und führt für a' und b' wieder die komplementären Strecken a und b ein, für l und m die Parallelwinkel λ und μ, so erhält man die Gleichungen:

(4) $$\cos \nu = -\cos \mu \cos \lambda + \sin \mu \sin \lambda\; ch\,c\,.$$

(5) $$ch\,c = ch\,a \cdot ch\,b - sh\,a\; sh\,b \cos \nu$$

(6) $$sh\,a : sh\,b = \sin \lambda : \sin \mu$$

Das sind aber dieselben Gleichungen, wie sie zwischen den Stücken eines Dreiecks mit den Seiten a, b, c und den Winkeln λ, μ, ν bestehen. Somit folgt der Satz:

Zu jedem Dreieck $a\; b\; c\; \lambda\; \mu\; \nu$ gehört ein vierrechtwinkliges Fünfeck mit den Seiten $c\, a'\, b'\, m\, l$ und dem von m und l eingeschlossenen spitzen oder stumpfen Winkel $\pi - \nu$, l liegt a' gegenüber. Außerdem gibt es noch zwei Fünfecke mit den Winkeln $\pi - \lambda$, $\pi - \mu$ und den entsprechenden Seiten.

Geht man zum rechtwinkligen Dreieck über, indem man $\nu = \frac{\pi}{2}$ werden läßt, so entstehen aus den Gleichungen 1 und 2 die neuen:

(7) $$ch\,c = sh\,m \cdot sh\,l$$

(8) $$ch\,c = cth\,a \cdot cth\,b$$

Es ergibt sich daher der Satz:

Zu jedem rechtwinkligen Dreieck gehört ein Fünfeck mit lauter rechten Winkeln, dessen eine Seite gleich der

Hypotenuse ist, die anliegenden Seiten sind gleich den Komplementärstrecken der Katheten, die gegenüberliegenden Seiten sind die Parallellote der beiden Winkel, a' liegt l gegenüber. Zwischen den Seiten des Fünfecks bestehen die Beziehungen der Neperschen Regel, d. h. es ist der Kosinus einer Seite gleich dem Produkt der Sinus der gegenüberliegenden und gleich dem Produkt der Kotangenten der anliegenden Stücke.

Da jede Seite des Fünfecks Hypotenuse sein kann, so ergeben sich leicht die 5 Dreiecke aus Figur 2.

c	a	b	λ	μ
b'	c'	l'	μ	$\frac{\pi}{2}-a$
l	b	m'	$\frac{\pi}{2}-a$	γ
m	l'	a	γ	$\frac{\pi}{2}-\beta$
a'	m'	c'	$\frac{\pi}{2}-\beta$	λ

§ 2.

Das rechtwinklige Fünfeck und die zugeordneten Spitzecke und rechtwinkligen Dreiecke.

Um außer den zugeordneten Dreiecken auch die zugeordneten Spitzecke kennen zu lernen, sei das Fünfeck noch einer näheren Betrachtung unterzogen.

Eine Gerade durch A, die mit AD den Winkel β bildet, kann b' nicht schneiden oder dazu parallel sein, denn es ist im Fünfeck:

$$ch\, b' = cth\, c \cdot cth\, l, \text{ da: }$$

$$ch\, b' = \frac{1}{th\, b} = \frac{1}{\cos\beta} \text{ ist,}$$

so folgt:

$$\cos\beta = th\, c \cdot th\, l$$

Wäre die Gerade parallel zu b', so müßte sie mit l den Winkel λ bilden, der bestimmt ist durch:

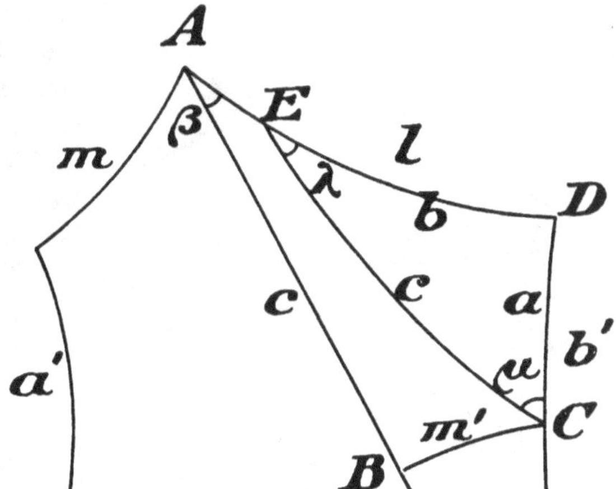

Abb. 2.

$$\cos\lambda = th\, l, \text{ also:}$$

$$\cos\lambda > \cos\beta$$

$$\lambda < \beta$$

Somit hat die Gerade mit b' eine gemeinsame Senkrechte. Es entsteht das Spitzeck $ABCD$. Hierin ist:

$$\cos\beta = th\, l \cdot th\, AB. \quad \text{Im Fünfeck:}$$

$$ch\, b' = \frac{1}{th\, b} = \frac{1}{\cos\beta} = \frac{1}{th\, l} \cdot \frac{1}{th\, c}, \quad \text{also ist:}$$

$$AB = c \tag{1}$$

$$\text{Im Spitzeck: } \cot\beta = sh\, AB \cdot th\, BC$$
$$= sh\, c \cdot th\, BC$$

$$\text{Im Fünfeck: } ch\, m = sh\, c \cdot sh\, b' = \frac{sh\, c}{sh\, b} \quad \text{oder:}$$

$$\cot\beta = \frac{sh\, c}{sh\, m} = sh\, c \cdot th\, m', \quad \text{also:}$$

$$BC = m' \tag{2}$$

$$\text{Im Spitzeck: } \cos\beta = sh\, m'\, sh\, CD$$

$$\text{Im Fünfeck: } ch\, b' = sh\, a'\, sh\, m \cdot \text{da:}$$

$$ch\, b' = \frac{1}{th\, b} = \frac{1}{\cos\beta} \quad \text{so kommt:}$$

$$\frac{1}{\cos\beta} = \frac{1}{sh\, a} \cdot \frac{1}{sh\, m}, \quad \text{also:}$$

$$CD = a \tag{3}$$

Zieht man durch C die Parallele zu BA, so bildet sie mit a den Winkel μ, denn mit $BC = m'$ schließt sie den Winkel $\frac{\pi}{2} - \mu$ ein. Da die Kathete CD des rechtwinkligen Dreiecks CDE gleich a ist, so sind die Stücke des Dreiecks bekannt, wenn man den letzten Satz von § 1 zu Hilfe nimmt. CE muß gleich c, $CED = \lambda$, $ED = b$ sein. Man kann es aber auch auf dieselbe Weise wie bei der Ableitung der Gleichungen 1 bis 3 zeigen.

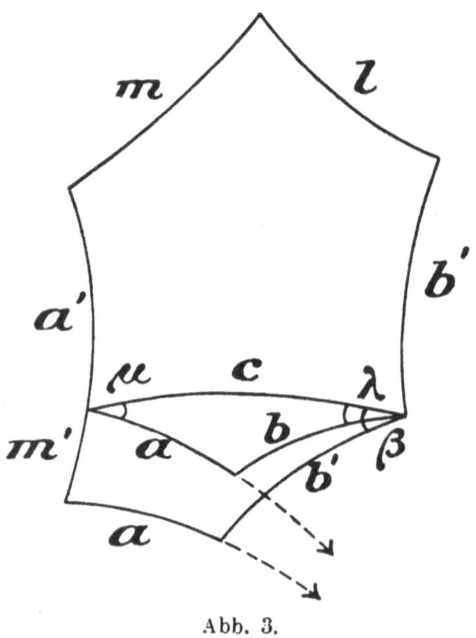

Abb. 3.

Durch C kann man auch die Parallele zur Seite AD ziehen und erhält ein weiteres Dreieck mit der einen Kathete m', die übrigen Stücke sind leicht aufzustellen.

Durch A ziehe man eine Gerade, die mit m den Winkel a bildet, es entsteht ein neues Spitzeck, aus dem sich wieder zwei Dreiecke ergeben. So entstehen 10 Spitzecke und 20 Dreiecke. Von jenen sind je zwei symmetrisch, von diesen je zwei symmetrisch und je zwei kongruent, so daß man also fünfgliedrige Ketten erhält. Abbildung 3 zeigt, wie Dreieck und Spitzeck zu konstruieren sind.

§ 3.

Andere Form der Neperschen Regel. Zusammenhang mit der sphärischen Ebene.

Man lege die zugeordneten Dreiecke in der angegebenen Weise (Figur) an das Fünfeck an, dann bilden die gezeichneten Dreieckswinkel wieder denselben Cyklus wie die Fünfecksseiten. Es soll die Beziehung aufgestellt werden, die zwischen je dreien der Winkel besteht. Die Winkel sind die Parallelwinkel der entsprechenden Seiten. Daher wird aus dem Satz: der Kosinus ist gleich dem Produkt der Contangenten der anliegenden Stücke und dem Produkt der Sinus der getrennt liegenden Stücke die neue Regel: der trigonometrische Sinus ist gleich dem Produkt der Kosinus der anliegenden und gleich dem Produkt der Tangens der getrennt liegenden Stücke. Denn die Beziehung:

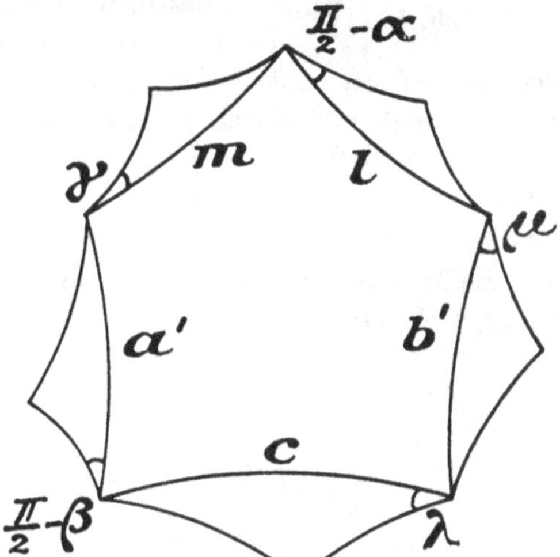

Abb. 4.

$$ch = cth \cdot cth \quad \text{geht über in:}$$

$$\frac{1}{sin} = \frac{1}{cos}\,\frac{1}{cos} \quad \text{und ebenso:}$$

$$ch = sh \cdot sh \quad \text{in:}$$

$$\frac{1}{sin} = \frac{1}{tg}\,\frac{1}{tg}$$

Die beiden ersten Gleichungen lauten z. B.:

(1) $$sin\,\gamma = cos\left(\tfrac{\pi}{2} - \beta\right) \cdot cos\left(\tfrac{\pi}{2} - a\right)$$

(2) $$sin\,\gamma = tg\,\lambda \cdot tg\,\mu$$

Ersetzt man hier und in den übrigen acht λ durch $\frac{\pi}{2} - \lambda$, $\frac{\pi}{2} - \beta$ durch β, $\frac{\pi}{2} - a$ durch a, also durch ihre Komplemente, so kommt:

$$sin\,\gamma = sin\,\beta \cdot sin\,a$$
$$sin\,\gamma = cot\left(\tfrac{\pi}{2} - \lambda\right) \cdot tg\,\mu$$

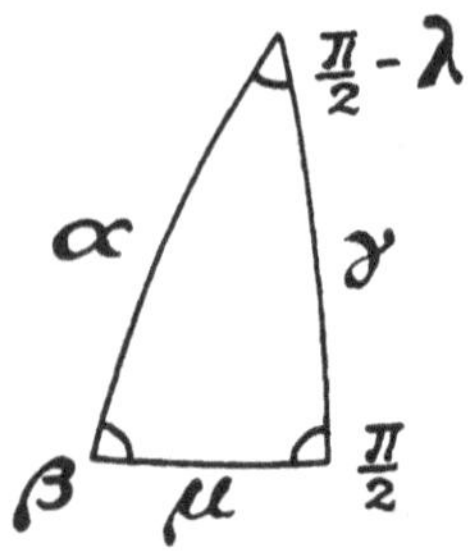

Abb. 5.

Das sind aber die Beziehungen zwischen den Stücken eines sphärischen Dreiecks mit der Hypotenuse a, den Katheten μ und γ und den Winkeln $\frac{\pi}{2}-\lambda$ und β.

Hätte man statt μ $\frac{\pi}{2}-\mu$ eingeführt, so hätte sich auf dieselbe Weise ergeben ein Dreieck mit der Hypotenuse β, den Katheten λ und γ und den Winkeln $\frac{\pi}{2}-\mu$ und a.

Dieselben beiden sphärischen Dreiecke erhält LOBATSCHEFSKIJ durch räumliche Betrachtungen, indem er auf der Ebene des hyperbolischen Dreiecks ABC in A das Lot errichtet und durch B und C die Parallelen dazu zieht. Diese drei Linien treffen eine Kugel in Punkten, welche die Ecken des ersten der beiden Dreiecke sind. Das zweite folgt dann aus Symmetriegründen.[1])

Beide Dreiecke gehören einem Zyklus an, der sich leicht aus Figur 3 ergibt:

a	γ	μ	β	$\frac{\pi}{2}-\lambda$
$\frac{\pi}{2}-\gamma$	$\frac{\pi}{2}-\beta$	$\frac{\pi}{2}-a$	$\frac{\pi}{2}-\lambda$	$\frac{\pi}{2}-\mu$
β	λ	γ	$\frac{\pi}{2}-\mu$	a
$\frac{\pi}{2}-\lambda$	μ	$\frac{\pi}{2}-\beta$	a	$\frac{\pi}{2}-\gamma$
$\frac{\pi}{2}-\mu$	$\frac{\pi}{2}-a$	λ	$\frac{\pi}{2}-\gamma$	β

Die Winkel der vierten Spalte liegen den Katheten der zweiten Spalte gegenüber.

Vergleicht man den Zyklus mit demjenigen der hyperbolischen Ebene, so folgt der Satz:

Zu jedem hyperbolischen rechtwinkligen Dreieck gehört ein sphärisches, dessen Seiten die Komplemente der Parallelwinkel zu den Seiten des ersten, dessen Winkel die Komplemente der Winkel des ersten sind. Die beiden Winkel sind noch zu vertauschen. Es gehört also zu: $c\ a\ b\ \lambda\ \mu$ das sphärische Dreieck $\frac{\pi}{2}-\gamma$, $\frac{\pi}{2}-a$, $\frac{\pi}{2}-\beta$, $\frac{\pi}{2}-\mu$, $\frac{\pi}{2}-\lambda$.

Die fünf sphärischen Dreiecke kann man ebenfalls so zusammenlegen, daß ihre Hypotenusen ein geschlossenes Fünfeck bilden. Die angegebene Reihenfolge bleibt erhalten, die ersten zwei zeigt Figur 6.[2])

---

[1]) Vgl. FR. ENGEL, LOBATSCHEFSKIJ, Leipzig 99, § 136 der Neuen Anfangsgründe.

[2]) Vgl. HESSENBERG, Ebene u. sphär. Trigonometrie. Berlin u. Leipzig. § 38.

Die Winkel des Fünfecks sind hier aber keine Rechten, sondern sie sind die Supplemente der Dreieckswinkel. Die Beziehung zwischen den beiden Fünfecken gibt der Satz:

Zu jedem rechtwinkligen Fünfeck der hyperbolischen Geometrie gehört ein sphärisches Fünfeck, dessen Seiten die Parallelwinkel der Komplementärstrecken des ersten sind.

Die Winkel des sphärischen Fünfecks sind die Supplemente der Seiten und bilden denselben Cyklus. Die Seite a (Figur 6) z. B. wird eingeschlossen von den Winkeln $\frac{\pi}{2}+\lambda$ und $\pi-\beta$.

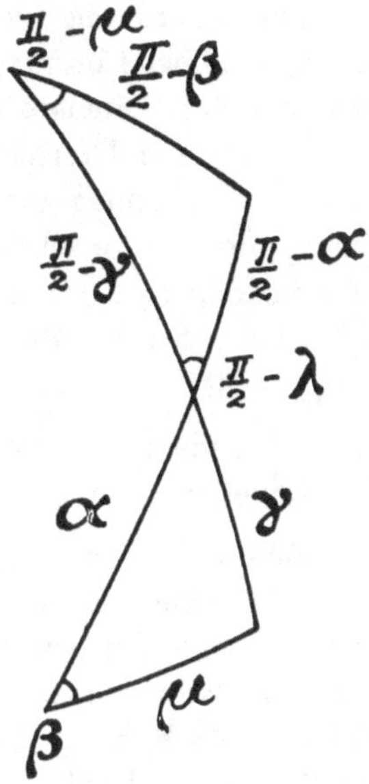

Abb. 6.

§ 4.

Dreieck und rechtwinkliges Sechseck.

Im § 1 war dem allgemeinen Dreieck ein Fünfeck mit 4 rechten Winkeln zugeordnet worden. Es entsteht die Frage: Kann man dem Dreieck auch ein Sechseck mit lauter rechten Winkeln zuordnen? Eine solche Figur kann als ein Dreieck mit drei imaginären Winkeln betrachtet werden.

Um die Gleichungen des Sechsecks aufzustellen, sei zu c und n die gemeinsame Senkrechte h gezeichnet. Diese zerlegt das Sechseck in 2 rechtwinklige Fünfecke. Es ist:

$$\frac{ch\, a}{sh\, c_1} = sh\, h = \frac{ch\, b}{sh\,(c-c_1)}$$

$$ch\, a\ (sh\, c\ ch\, c_1 - ch\, c\ sh\, c_1) = sh\, c_1\, ch\, b$$

$$ch\, a\ (cth\, c_1\ sh c - ch\, c) = ch\, b$$

Im Fünfeck ist aber:

(1) $cth\, c_1 = th\, a \cdot ch\, m$, eingesetzt gibt:

$$ch\, b = sh\, a\ sh\, c\ ch\, m - ch\, a\ ch\, c$$

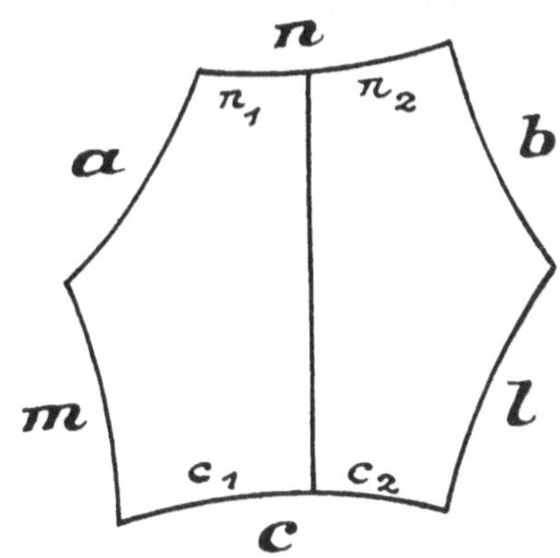

Abb. 7.

Einen Unterschied zwischen Seiten- und Winkelkosinussatz gibt es hier nicht. Diese Formel ist außer der, die dem Sinussatz entspricht, die einzige.

Die Zuordnung des vierrechtwinkligen Fünfecks ergab sich dadurch, daß bei Einführung der Parallelwinkel und der komplementären Strecken der Seitenkosinussatz des Fünfecks überging in den Winkelkosinussatz des Dreiecks und umgekehrt. Das ist hier nicht möglich, da nur ein Kosinussatz vorhanden ist. Dieser Kosinussatz stimmt auf der rechten Seite schon völlig mit dem Winkelkosinussatz des Fünfecks überein (§ 1 Gl. 2), so daß die Gleichsetzung der linken Seiten bei entsprechender Bezeichnung die imaginäre Gleichung gäbe

$$ch\, b = \cos \beta_1 \tag{2}$$

Hierbei bedeutet b die gemeinsame Senkrechte, die im Sechseck an die Stelle des von $\frac{\pi}{2}$ verschiedenen Winkels im Fünfeck tritt.

Zum Schluß sei noch auf die Abhandlung im Band **154** des Journals für reine und angewandte Mathematik hingewiesen, wo ich das rechtwinklige Dreieck in anderer Weise behandele. Hier findet sich auch die Bemerkung, daß Herr Mukhopadhyaya in Kalkutta (Bulletin Calkutta Math. Soc., Vol. XIII, Nr. 4) sich auch mit den zugeordneten Fünfecken beschäftigt hat. Er gewinnt seine Sätze auf rein geometrischem Wege.

FSC
www.fsc.org
MIX
Papier | Fördert gute Waldnutzung
FSC® C083411

Zeitfracht Medien GmbH
Ferdinand-Jühlke-Straße 7
99095 Erfurt, Deutschland
produktsicherheit@kolibri360.de